Marouene Aouadhi

Validation Des Systèmes Embarqués

Marouène Aouadhi

Validation Des Systèmes Embarqués

Architecture de calculateurs électroniques pour automobile

Presses Académiques Francophones

Impressum / Mentions légales

Bibliografische Information der Deutschen Nationalbibliothek: Die Deutsche Nationalbibliothek verzeichnet diese Publikation in der Deutschen Nationalbibliografie; detaillierte bibliografische Daten sind im Internet über http://dnb.d-nb.de abrufbar.

Information bibliographique publiée par la Deutsche Nationalbibliothek: La Deutsche Nationalbibliothek inscrit cette publication à la Deutsche Nationalbibliografie; des données bibliographiques détaillées sont disponibles sur internet à l'adresse http://dnb.d-nb.de.

Coverbild / Photo de couverture: www.ingimage.com

Verlag / Editeur:
Presses Académiques Francophones
ist ein Imprint der / est une marque déposée de
OmniScriptum GmbH & Co. KG
Heinrich-Böcking-Str. 6-8, 66121 Saarbrücken, Deutschland / Allemagne
Email: info@presses-academiques.com

Herstellung: siehe letzte Seite /
Impression: voir la dernière page
ISBN: 978-3-8381-4066-7

AVANT PROPOS

Suite aux études effectuées au sein de l'Ecole Nationale D'ingénieurs De Monastir, nous sommes amenés à effectuer un projet de fin d'études pour appliquer d'une manière concrète ce que nous avons appris durant nos années d'études supérieurs ainsi qu'une initiation à la vie socioprofessionnelle.

Pour effectuer notre travail, nous avons fixé deux objectifs :

- *Profiter le maximum de ce projet de fin d'études pour élargir nos connaissances et améliorer nos aptitudes.*

- *Obtenir un excellent résultat en vue de prouver aux industriels notre savoir-faire.*

DÉDICACES

A mes chers Parents

Kaddour & Rachida

Ce que je vous présente n'est autre que le fruit de votre affection, votre attention et de votre éducation. Veuillez trouver dans cet humble travail l'expression de mon grand amour et ma plus grande reconnaissance.

A mes chères sœurs

Ghofrane, Syrine & Sarah

Je n'aurais espéré avoir meilleur que vous comme famille. En guise de mon amour, je vous dédie le présent travail.

A toute ma grande famille…

Je vous dédie en signe de reconnaissance ce travail qui n'a pu être accompli qu'avec vos encouragements et soutien.

A tous mes collègues, A tous mes amis

« Ce que l'on fait dans la vie résonne dans l'éternité »

TABLE DES MATIÈRES

LISTE DES FIGURES

LISTE DES TABLEAUX

LISTE DES ABRÉVIATIONS

ACTIMUX   *ACTIA multiplexed (architecture multiplexée d'ACTIA)*

ARDIA   *ACTIAGroup pour la Recherche et le Développement en Informatique Appliquée*

CAN   *Controller Area Network*

ECU   *Electronic Control Unit*

DOORS   *Dynamic Object Oriented Requirements*

IHM   *Interaction Homme Machine*

LIN   *Local Interconnect Network*

LCC   *Load Center Controller*

MULTIBUS   *Multiplexed Bus (architecture multiplexée pour bus)*

INTRODUCTION GÉNÉRALE

Un système embarqué ou système enfoui est un système électronique, piloté par un logiciel, qui est complètement intégré au système qu'il contrôle. On peut aussi définir un système embarqué comme un système électronique soumis à diverses contraintes. La fiabilité de ces systèmes, joue un rôle très important dans l'industrie.

En effet, un système embarqué (dans l'aéronautique, l'automobile), une fois conçu, est soumis à diverses sollicitations de fonctionnement qui peuvent impacter de manière significative le fonctionnement et la sécurité du système en question. Il est donc fondamental de prévoir des méthodes techniques permettant de livrer sur le marché un système qui répond bien, aux exigences imposées par le client d'où les tests de validation, qui permettent de vérifier la conformité entre ce qui a été concrétisé, conjointement le matériel et le logiciel, et la spécification. Dans ce cas, les techniques de diagnostic et de détection de défauts peuvent être soit combinées, soit diversifiées afin de dévoiler et expliciter les anomalies qui peuvent toucher et altérer le fonctionnement, les bugs détectés seront remonté et rectifié autant de fois jusqu'à la synthèse d'un produit jugé fiable et robuste.

D'où l'idée de déployer le sujet de validation des systèmes embarqués passe obligatoirement par la compréhension technico-lexical des termes qui régissent cette tâche importante du génie électrique afin d'éviter toute confusion, vue que les termes utilisés se ressemblent tandis que les tâches associées divergent ; les tests de validation se décomposent généralement en plusieurs phases:

- Validation fonctionnelle : ces tests fonctionnels vérifient que les différents modules ou composants implémentent correctement les exigences client et peuvent être de type valide, invalide, inopportuns.
- Validation solution : les tests solutions vérifient les exigences clients d'un point de vue "use cases", généralement ces tests sont des tests en volumes. Chaque grand use-case est validé un par un, puis tous ensemble. L'intérêt est de valider la stabilité d'une solution par rapport aux différents modules qui la composent,

en soumettant cette solution à un ensemble d'actions représentatif de ce qui sera fait en production.

░ Validation performance, robustesse : les tests de performance vont vérifier la conformité de la solution par rapport à ses exigences de performance, alors que les tests de robustesse vont essayer de mettre en évidence des éventuels problèmes de stabilité et de fiabilité dans le temps (fuite mémoire par exemple, résistance au pic de charge, augmentation de la volumétrie des données,...).

Ainsi, on peut traduire ces trois concepts en trois niveaux de validation interdépendants et inévitables :

░ La validation couche basse.
░ La validation de la partie applicative.
░ La validation architecture système.

Ce qui rend la phase de validation des systèmes embarqués plus exigeante et plus critique lorsqu'on envisage l'implanté dans l'automobile, généralement dans les systèmes véhiculant, où le critère de sécurité est primordial, cela implique que la mission d'un ingénieur validation, armé de ses connaissances en génie électrique et en se basant sur une stratégie méthodologique, cruciale et appréciable avant de mettre le produit à la disposition des industriels d'automobiles.

Dans ce cadre, se présente ce travail de projet de fin d'études, qui traite le thème de validation des systèmes embarqués effectué au sein de la société ARDIA (ACTIA Group Recherche et Développement en Informatique Appliquée), département systèmes embarqués bus et cars, dans lequel j'aborderai l'étude de cette tâche du génie électrique.

Ce manuscrit comporte quatre chapitres. Le première est consacré à la présentation de la société ARDIA et ses activités industrielles en abordant, d'une manière superficielle, le projet ACTIMUX afin de mettre l'accent sur la problématique.

Le deuxième chapitre est dédié à l'exploitation de la validation dans le domaine du génie électrique dans son aspect général et spécifique à ARDIA. Le troisième chapitre expose les outils logiciels et matériels disponibles. Quant à la quatrième partie met l'accent sur la tâche réalisée, et la méthodologie suivie.

CHAPITRE 1 : ENVIRONNEMENT ET PROBLEMATIQUE

I. ENVIRONNEMENT ET PROBLÉMATIQUE

I.1. INTRODUCTION

Cette partie sera consacré à la présentation de la société ARDIA, filiale du groupe ACTIA, et ses domaines d'activité, en mettant l'accent sur le projet de validation ACTIMUX ainsi que la problématique des architectures systèmes.

I.2. PRÉSENTATION D'ARDIA

ARDIA (ACTIAGroup pour la Recherche et le Développement en Informatique Appliquée) est une société de services et de conseil en ingénierie implantée au technopôle Ghazala depuis 2005, filiale du groupe mondial d'origine française ACTIA Group spécialisé dans les équipements électroniques à forte valeur ajoutée destinés aux marchés porteurs de l'auto-motive et des télécommunications. Son siège est basé à Toulouse, dans le sud de la France. Sa division auto-motive (80% du chiffre d'affaires d'ACTIA Group) est un acteur majeur dans la conception, la production et le diagnostic de systèmes embarqués en petites et moyennes séries toutes les catégories de véhicules.

Ce qui la conduit à développer un réel savoir-faire pour :

- Le développement de logiciels embarqués ou PC
- Les études mécaniques et électroniques
- Les tests et la validation des systèmes complexes
- Des services concernant les équipements

Avec une forte culture d'engagement, ARDIA assure à ces clients la réactivité et l'efficacité opérationnelle de modèles de collaboration adaptés, flexibles et évolutifs, d'où elle met en œuvre un système qualité performant et en perpétuelle amélioration, mais aussi des méthodologies et des expertises éprouvées de gestion de projets issues de bonnes pratiques et des meilleurs standards de l'industrie logicielle.

Cette stratégie de la bonne gestion ainsi que le système qualité ont permis de lui confier la certification ISO 9001 version 2008 pour l'ensemble de ses activités de conception, développement, test et validation de logiciels embarqués, d'outils de diagnostic, de systèmes mécaniques et d'outillage de production pour application

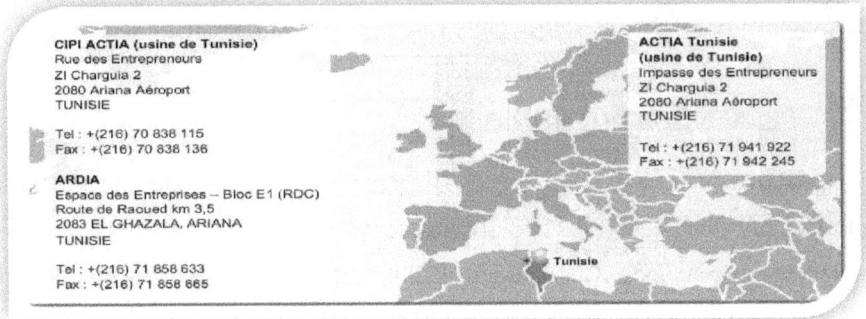

automobile, support industriel et test de qualification.

Figure I.1 : Le Site d'ARDIA dans la méditerranée

L'implantation de 3 filiales en Tunisie démontre l'importance de ce pays dans la stratégie de développement du groupe. Parmi ces 3 filiales, deux usines (CIPI-ACTIA et ACTIA Tunisie) et un bureau d'étude : ARDIA.

I.3. LE GROUPE ACTIA

I.3.1. SYSTÈMES EMBARQUÉS

Le groupe ACTIA est un acteur international dans les systèmes de distribution électrique et électronique pour les bus, les cars, les camions et les véhicules spéciaux (construction et agricoles). Pour tous ces véhicules commerciaux et industriels ACTIA conçoit l'architecture électrique et électronique et assure le développement, l'industrialisation et la fabrication des composants associés. Elle offre de solutions globales et performantes s'étend à l'environnement tableau de bord : calculateurs d'habitacle, instrumentation, systèmes multimédia et vidéosurveillance.

Figure I.2 Le tableau de bord confectionné par ACTIA

Adapter des systèmes et architectures complexes à l'environnement difficile des véhicules commerciaux et industriels est l'un des domaines où ACTIA est considéré l'un des pionniers et leader dans le monde. Il fait la différence sur des pôles de compétences particulièrement innovants tels que les architectures multiplexées, la télématique ou le multimédia et permet à celle-ci aujourd'hui de travailler aux côtés des grands constructeurs internationaux.

I.3.2. Architectures multiplexés

L'offre système proposée par ACTIA s'appuie sur des modules de gestion électrique et d'instrumentation reliés entre eux par des réseaux de communication standards de l'univers automobile (CAN, LIN, FlexRay). Cette offre totalement modulaire et flexible permet une meilleure adaptation aux besoins de chaque constructeur de véhicules. Associée aux autres systèmes embarqués du véhicule, l'offre systèmes ACTIA constitue l'architecteur globale du véhicule.

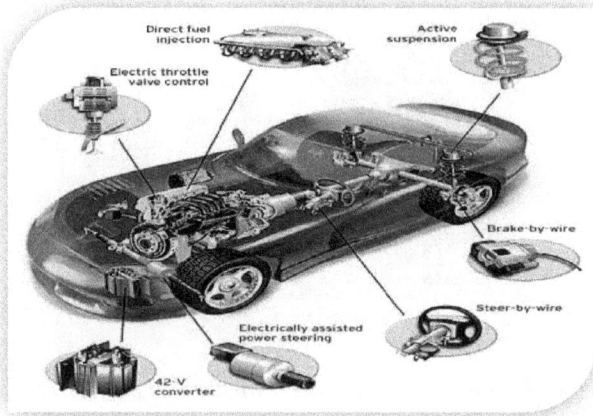

Figure I.3 Les équipements de l'architecture multiplexée dans un véhicule

I.3.3. ACTI-DIAG PLATEFORME UNIQUE DE DIAGNOSTIC

La solution ACTI-DIAG regroupe les modules logiciels, les équipements et les services de diagnostic proposés par le groupe ACTIA. A géométrie variable, cette solution s'intègre dans les différentes gammes de produits dédiées à l'après-vente automobile - outils de diagnostic pour les réseaux constructeurs, outils de diagnostic multimarque, contrôle technique et mécanique - aux lignes de production des véhicules et au diagnostic embarqué. Totalement modulaire, ACTI-DIAG permet au groupe ACTIA d'accompagner tous les professionnels de l'automobile, des bureaux d'études des constructeurs au réparateur dans l'atelier.

I.3.3.1. ACTI-DIAG SOFTWARE

ACTIA a développé une suite logicielle qui s'appuie sur un outil auteur qui produit des données et sur une application atelier qui accompagne le réparateur tout au long de son intervention dans le garage. Des modules logiciels complémentaires permettent de gérer l'accès aux données, les mises à jour, le support technique et l'exploitation du retour d'expérience.

ACTI-DIAG Software se décline non seulement dans l'environnement atelier mais aussi dans l'univers de production avec des applications spécifiques au diagnostic en bord et fin de chaîne.

I.3.3.2. ACTI-DIAG HARDWARE

Depuis le premier outil de diagnostic inventé par le groupe en 1985, des stations de diagnostic signées ACTIA équipent les professionnels de l'automobile partout dans le monde. PCs durcis, mobiles, compacts, tablettes tactiles, interfaces de communication dernière génération intégrant les derniers protocoles de communication notamment sans fil…les plates-formes matérielles proposées par ACTIA sont à la pointe des technologies.

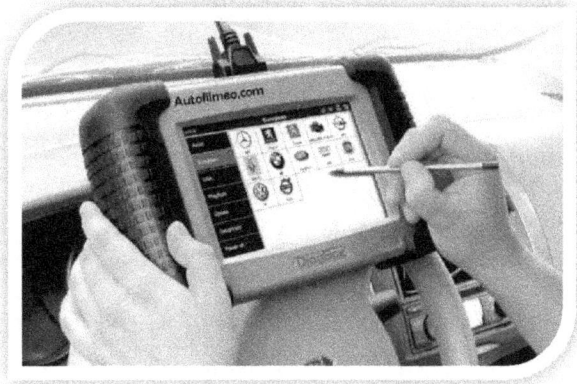

Figure I.4 Tablette ACTI-DIAG de diagnostic pour véhicule

Les champs d'interventions de ACTIA ne se limitent pas sur les véhicules légers, les Cars et les Bus, elle étend ses activités aussi sur :

- Les Poids Lourd
- Les Véhicules spéciaux
- La Ferroviaire
- L'Aéronautique
- Les Véhicules militaires
- La nautique

I.4. DOMAINES D'ACTIVITÉ D'ARDIA

I.4.1. DÉVELOPPEMENT LOGICIELS EMBARQUÉS

Le département Systèmes embarqués d'ARDIA propose des services de Conception, développement et validation de logiciels embarqués sur des plateformes hardware diverses. Ce sont des systèmes de gestion de puissance pour des véhicules industriels, de multiplexage pour les bus, tableau de bord.

Les équipes d'ingénieurs ARDIA interviennent à tous les niveaux de la structure d'un logiciel :

- Couches driver (Low layer)
- Couches management (Middleware)
- Couches applicatives (High layer)

Les développements se font à l'aide de langages adaptés aux contraintes embarquées et temps réel (C, ASM...) sur des OS temps réel du marché (Linux RT, Windows CE, Integrity...) et des microcontrôleurs tels que : Fujitsu 16 LX/FX, Freescale S12X/XS, PowerPC Freescale, Cœur ARM/9/11.

Et afin de répondre aux exigences des projets de sa clientèle, ARDIA a mis en place des outils et des méthodes tels que :

- Outil de contrôle statique de code (standard automobile MISRA)
- Outils de gestion des exigences (Doors)
- Outils de gestion de configuration (CVS, SVN ...)
- Outils de gestion des anomalies (Mantisse, Bugzilla ...)
- Frameworks de tests unitaires (LDRA, CUnit ...)

On abordera ultérieurement, les outils manipulés intervenant dans ce projet et en exploitant la flexibilité et le dynamisme qu'ils permettent d'avoir dans le management des tâches par les ingénieurs et les chefs de projet facilitant énormément le suivi et l'avancement.

I.4.2. Diagnostic

L'automobile connaît une vraie explosion technologique : aujourd'hui les innovations électroniques rendent l'entretien courant plus exigeant, plus complexe. Grâce à une veille permanente, ARDIA avance au rythme de ces évolutions et propose un ensemble d'outils de diagnostics électroniques adaptés et répondant aux besoins du marché de l'automobile. Ce qui a permis à ARDIA d'acquérir depuis sa création un réel savoir faire en développement de logiciels de diagnostic automobile en répondant aux exigences internationaux.

Des experts métiers adaptent le produit de diagnostic aussi bien aux constructeurs qu'aux garages automobiles. Les domaines d'intervention se situent sur tous les types d'outil de diagnostic, allant de l'outil dédié à un constructeur aux outils multimarques et ceci à travers une large gamme s'étendant du multidiag, diag pocket et l'outil diag-constructeur, en mettant en action des langages et des outils telles que :

- Les langages XML, C, C++
- Environnement de développement des outils de diagnostic ACTIDIAG AUTHOR.
- Stimulateurs CAN, UDS, KWP2000, GMLAN.
- Outils de gestion de configuration (CVS, SVN …)
- Le cycle en vie en V.

I.4.3. Conception Mécanique et Systèmes Manufacturing

En complémentarité des développements Hardware électroniques et Software pour les produits embarqués, ARDIA réalise le design de ses pièces mécaniques afin de répondre aux exigences de fabrication, d'utilisation et de résistance aux stress auxquels ils sont soumis. Conjointement à l'équipe électronique, l'équipe mécanique assure le développement du projet depuis la phase de pré-étude jusqu'au prototypage et le lancement de la vie série. Pour ce faire, elle suit les étapes suivantes :

▓ Pré-étude coordonnée avec les équipes électroniques : choix des matériaux, emplacement des pièces encombrantes.

▓ Etude détaillés : Dimensionnement et Chaînes de côtes, Simulation vibratoire et thermique, Mise en plan.

▓ Prototypage et Validation par essais thermomécaniques.

<u>D'où ARDIA a développé un savoir faire dans :</u>

▓ Conception de pièces injectées (Plastiques, Alliages-métalliques, Caoutchouc)

▓ Tôlerie

▓ Extrusion

▓ Pièces de design

▓ Ensemble Mécanique

Afin d'offrir un service global, L'équipe mécanique assure également la conception et le développement des outillages de production pour les lignes d'assemblage ainsi que des moyens de tests de fin de chaîne.

I.4.4. TEST ET VALIDATION

Le professionnalisme et la valorisation du test au sein de l'entreprise sont des enjeux majeurs, motivés par une réalité économique. Omniprésent tout au long du cycle de développement, le test système et logiciel est une activité qui mobilise de nombreuses connaissances et savoir-faire pour arriver au résultat recherché : **« Bon du premier coup »**.

ARDIA met en place un service spécifique de validation et d'un département logiciel indépendant, composé d'ingénieurs et d'experts techniques capables d'intervenir sur les étapes de validation suivantes :

▓ Tests unitaires

▓ Tests d'intégration

▓ Validation fonctionnelle

▓ Tests de non régression

Les processus de validation reposent sur les notions de bases de Génie Electrique et de l'informatique industrielle, en décortiquant cette phase dans la partie suivante, par laquelle passe un produit électronique avant sa livraison, nous essayerons de mettre l'accent sur le projet qui m'a était confier pour la validation d'une architecture système ACTIMUX.

I.5. LE PROJET ACTIMUX

La nomination ACTIMUX dérive d'ACTIA MULTIPLEXED, qui dénote les architectures des calculateurs électroniques pour les Bus et Cars.

Il existe deux projet sur lesquelles les ingénieurs développement et validation de ARDIA travaillent : le système MULTIBUS et le système ACTIMUX, le plus récent. Ce qui diffère entre ces deux systèmes, c'est les types des maîtres et des esclaves mis en jeux dans l'architecture, le tableau suivant illustre la différence :

Tableau I. 1 Les calculateurs du projet ACTIMUX

	Système MUTIBUS	Système ACTIMUX
MAITRE	MULTIC ou CAMU	Gateway ou Multic2
ESCLAVE	LCC	Power xx

L'ECU maître est lié aux ECUs des esclaves avec un réseau CAN, et peut également être connecté aux calculateurs d'autres maîtres, y compris MultiBus ECU comme MULTIC, Podium, Switch packs qui sont des unités indépendantes, et qui remplissent des fonctions diverses. L'ECU du maître intègre le logiciel applicatif, qui gère tous les ressources matérielles de l'architecture, qui est dédié à un seul véhicule.

Les raisons des évolutions entre Multibus et le système ActiMux sont :

▓ Adaptation aux nouveaux marchés et l'évolution des systèmes embarqués ainsi que la connectivité avec d'autres systèmes et des nouvelles charges telles que : moteur électrique, lampe en Xénon, capteur de niveau d'huile…, Les charges sont conduites selon les informations : état des entrées du système ,des informations en provenance du réseau de communication: CAN, LIN, FlexRay ,Logiciels d'application...

▓ Compatibilité avec l'architecture semi-centralisée ou entièrement multiplexée.

▓ Mettre en place des pins multifonctions pour optimiser la quantité d'ECU nécessaire pour une architecture électrique pour un véhicule.

▓ Amélioration de la conduite de charge: le courant est contrôlé sur chaque sortie.

▓ La réduction des coûts sur l'ensemble de l'architecture électrique du véhicule.

▓ Conception électronique avec les nouvelles technologies: de nouveaux composants, interrupteurs de puissance, les connecteurs, microcontrôleurs, adaptation et mise en solution la moins chère avec un petit aperçu des dimensions.

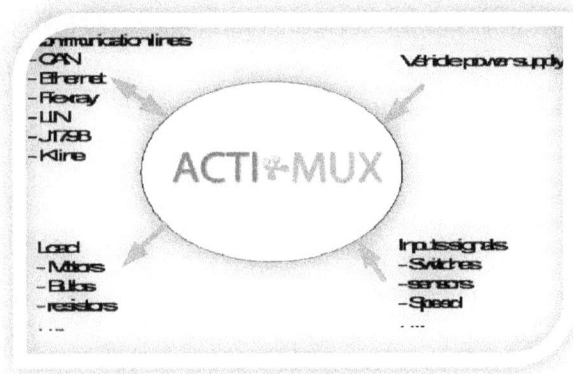

Figure I.5 L'environnement du système ACTIMUX

Ce qui permet une flexibilité énorme pour les charges pilotés, le tableau suivant illustre la liste non exhaustive des périphériques qui peuvent être connectés au système :

Tableau I.2 Liste des périphériques susceptibles être connectés aux architectures ACTIMUX

LOADS	TYPES	EXEMPELS
Lamps	Bulb 5W/24V	Marker lights, Licence late light
	Bulb 21W/24V	Brake light, Hazard light, Rear fog light, Reverse light
	Bulb 70W/24V	Low beam light, Front fog light
	Bulb 75W/24V	High beam light
	LED Bulb	Bulb with resistive current limitation, Bulb with current generator, Bulb with integrated switching converter.
	Xenon	-
	Neon	-
Fan Motor	Fan	-
	Blower	-
	Defroster	-
	Pump	-
Motion Motor	Doors motor	-
	Ramp motor	-
	Roof motor	-
	Curtain motor	-
	Windows motor	-
	Wing mirror	-
Two Speed Motor	Wiper	-
Special Loads	Flashing light	-
	Main switch relay	-
	Dryer	-
	Mirror heating	-
	Sensor (Power supply)	-
	Electro-Valves	-
	Relay / Inductors	-
	Buzzer	-

La panoplie de périphériques présents dans un véhicule, nécessite une unité de gestion de fonctionnement et de contrôle ainsi que le pilotage possédant un nombre d'entrées et sorties configurables afin de garantir la stabilité, la fiabilité, et la sécurité d'un tel système qui sera implanté dans un environnement ou la vie de la personne est en question.

I.6. SPÉCIFICITÉ DES UNITÉS DE TRAITEMENT
I.6.1. LES CALCULATEURS : MAÎTRES
I.6.1.1. LE CAMU

Le calculateur CAMU et une unité de traitement électronique pour automobile, ultra-puissante possédant plusieurs fonctionnalités qui permettent de l'interfacer avec d'autres calculateurs et dans lequel est figé le programme, communément dis l'application, qui monopolise l'architecture système, ces principales caractéristiques :

Tableau I.3 Tableau récapitulatif des caractéristiques techniques du CAMU

CPU	16 bits C167 CR core à 20Mhz
RAM	512 Kbyte
FLASH EPROM	1Mbyte
E2PROM	2Kbyte
UART (Serial Link)	ISO9141 / ISO 14230 multiplexé avec J1708 RS485
Contrôleurs CAN	3

La particularité d'un tel calculateur c'est qu'il possède des entrées/sorties configurables selon l'application :

- 20 entrées : logique High Side et Low Side pour la mesure de tension et de résistance, logique avec fonction Wake-Up (source de réveil), entrées analogiques, entrées fréquentielles (mesure de fréquence de signaux périodiques).
- 23 sorties: High Side, Low Side, PWM (pulse width modulation).

Il dispose aussi de protocoles de communication suivants :

- 3 ports CAN
- 1 port de diagnostic ISO9141 / ISO14230
- 1 interface SAE J1708

Figure I.6 Le calculateur CAMU

I.6.1.2. LE LCC

Le LCC (Load Center Controller) est une unité de contrôle électronique embarqué dédié aux véhicules industriels pour les applications 24V ; il comporte :

- 35 entrées : analogiques, logiques et fréquentielles.
- 39 sorties logiques
- 2 lignes CAN de communication 250 Kbaud ISO18898
- 2 sorties 100mA pour alimentation capteur « Sensor Supply »

Le LCC est consacré aux applications typiques dans les bus telles que :

- Contrôle d'éclairage intérieur / extérieur et éclairage à LED
- Climatisation
- Contrôle moteur d'essuie-glace
- La conduite de porte pour les autobus urbains
- Gestionnaire de VSS : « Vehicle Speed Sender »
- Gestionnaire d'alimentation pour les relais d'accessoires de contrôle

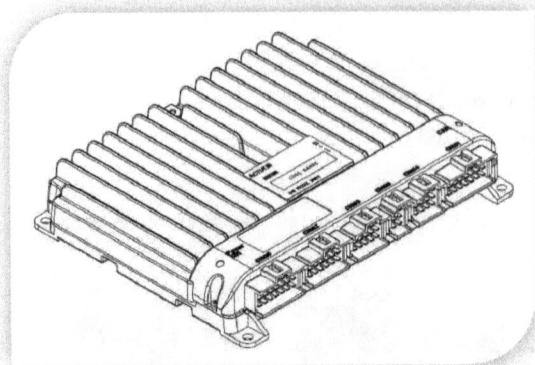

Figure I.7 Le calculateur LCC

I.6.2. LES CALCULATEURS : ESCLAVES

I.6.2.1. LES POWERS

Les Powers sont des calculateurs qui seront associés aux maîtres pour remplir des fonctions bien déterminées, grâce à leurs interfaces de communications et ces entrées/ sorties configurables par software, leur emploi dans une architecture système dépend des exigences du client de manière à avoir une bonne gestion des fonctionnalités dans le véhicule.

Il existe 3 types de Power :

Le Power 15 :

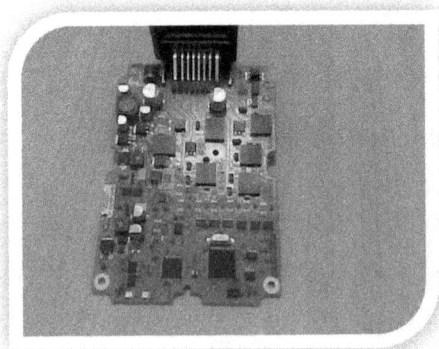

Figure I.8 Le calculateur Power15

Entrées/sorties flexibles : (F)

12 sorites et 12 entrées

2 modules de communications CAN

1 interface de communication LIN

Le Power 33 :

Figure I.9 Le calculateur Power33

▓ Des entrées/ sorties LF (Large Flexible)

▓ 20 sorties et 13 entrées

▓ 2 modules de communications CAN

▓ 1 interface de communication LIN

Le Power66 :

Figure I.10 Le calculateur Power66

▓ Entrées/sorties ELF (ExtraLarge Flexible)

▓ Dual Core

▓ 40 sorties et 26 entrées

▓ 3 modules de communications CAN

▓ 2 interfaces de communication LIN

I.6.3. LES MULTICS ET SWITCHS

Les Multics qui sont de type maître et les Switches, appelés aussi instrument cluster, représentent la partie interactive du tableau de bord et ils englobent les indicateurs de vitesse, de niveau d'huile, l'afficheur numérique informatif...

Ces unités peuvent être connectées et associées aux calculateurs numériques formant ainsi le podium.

Figure I.11 Le MULTIC outil de bord

I.7. PROBLÉMATIQUE

La sécurité des passagers dans tout système véhiculant, est une exigence que les constructeurs cherchent à satisfaire et la développer, un critère qui conditionne son existence sur le marché où la moindre erreur peut entraîner une mauvaise réputation et même peut aller jusqu'à menacer son survie.

Ainsi chaque architecture de calculateurs dans le système ACTIMUX doit passer par un ensemble de tests techniques et de performance pour juger sa fiabilité et remonter les dysfonctionnements qui peuvent être de type Hardware ou Software, permettant ainsi sa validation avant son adoption comme solution technologique dans les bus et cars.

Dans ce cadre, on essayera à travers ce projet de s'initier à la validation qui reste toujours une tâche intrinsèque et confidentielle pour chaque constructeur, en travaillant sur une architecture ACTIMUX composée d'un maître CAMU et un esclave Power15, ainsi qu'une architecture plus complexe contenant une multitude de calculateur.

La validation d'une telle architecture nécessite d'abord des connaissances sur les outils logiciels et techniques ainsi que méthodologiques adoptés par l'équipe de validation au sein d'ARDIA, qu'on les abordera dans ce manuscrit.

I.8. LA CAHIER DE CHARGE DU PROJET

Le projet de validation consiste à :

Prendre connaissance des parties qui interviennent dans la validation système :

- Validation unitaire du power 15 : passage du plan de validation running phase.
- Validation de l'outil Multitool NG : passage du plan de validation associé.
- Validation d'ActiGRAF (intégration du power 15) : Ecriture du plan **IHM** (Interaction Homme Machine) et passage du plan génération de donnée.

Mettre en place une validation d'un système un maître + un esclave :

- Ecriture du plan de validation de l'architecture CAMU+Power 15.
- Développement de l'application de validation avec l'outil ActiGRAF.
- Passage du plan et gestion des anomalies.
- Ecriture du plan de validation de l'architecture CAMU+2Powers33+Power15.

I.9. CONCLUSION

Après avoir définir le projet ACTIMUX, on essayera dans le second chapitre d'exploiter la tâche de validation au sein de ARDIA.

CHAPITRE 2 : LA VALIDATION

II. LA VALIDATION

II.1. INTRODUCTION

La validation est une opération destinée à démontrer, documents à l'appui, qu'une procédure, un procédé ou une activité conduit effectivement aux résultats escomptés, en d'autre terme. Elle comprend la qualification des systèmes et des équipements. Dans le cas d'une validation d'un procédé, il s'agit d'établir, avec un niveau d'assurance élevé, une preuve documentée qu'un procédé particulier donnera constamment un produit conforme à ses spécifications et à des caractéristiques de qualité prédéterminées.

Dans ce contexte, il est indispensable d'adopter une démarche de tests formalisée et automatisée qui tient de l'industrialisation afin que les tests ne soient pas un frein dans le cycle de mise en production.

Dans ce chapitre, en mettant l'accent sur la validation comme technique de vérification de fiabilité d'un système embarqué, plus précisément les calculateurs électroniques, on exploitera la méthodologie suivie par ARDIA, et le concept du cycle en V.

II.2. LE CYCLE EN V

Le modèle du cycle en V est un modèle conceptuel de gestion de projet imaginé suite au problème de réactivité du modèle en cascade. Il permet, en cas d'anomalie, de limiter un retour aux étapes précédentes. Les phases de la partie montante doivent renvoyer de l'information sur les phases en vis-à-vis lorsque des défauts sont détectés, afin d'améliorer le software ou le hardware en question.

Le cycle en V est devenu un standard de l'industrie logicielle depuis les années 1980 et depuis l'apparition de l'ingénierie des systèmes est devenu un standard conceptuel dans tous les domaines de l'industrie dont ces étapes sont:

- Analyse des besoins et faisabilité
- Spécification logicielle
- Conception architecturale
- Conception détaillée
- Test unitaire
- Test d'intégration
- Test de validation (Recette Usine, Validation Usine - VAU)
- Recette (Vérification d'Aptitude au Bon Fonctionnement - VABF)

Voici la représentation du cycle en V qui reprend ces différentes étapes :

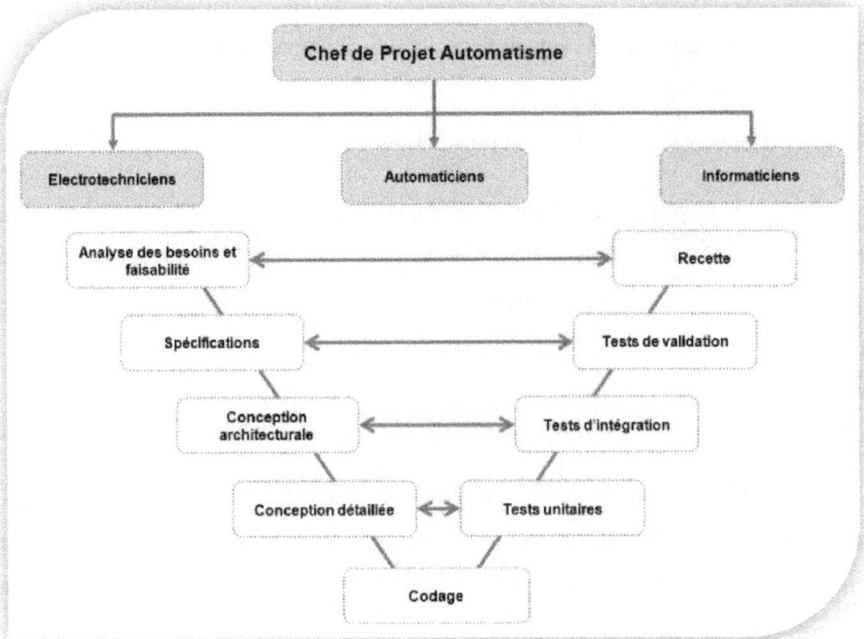

Figure II.1 : Schéma représentatif du cycle en V

Une erreur produite lors d'une des étapes de la branche gauche ne sera détectée que lors de la phase correspondante dans la phase de droite. Une erreur dans les spécifications ne sera découverte que lors de la validation, c'est-à-dire juste avant la livraison, cela montre que les étapes de spécifications et de conception préliminaire sont très importantes car une erreur pendant cette partie coûtera très chère. De plus les modifications après coup sont plus aisées car elles ne remettront généralement pas tout le système en cause.

II.2.1. DÉFINITION DES SPÉCIFICATIONS

Cette étape permet de savoir ce qu'il faut réaliser pour satisfaire les exigences du client, quelles sont les fonctionnalités à réaliser et les contraintes à respecter. En effet, l'expression des besoins donnée par le client est souvent imprécise et insuffisante.

II.2.2. CONCEPTION PRÉLIMINAIRE OU ANALYSE

Cette phase regroupe l'ensemble des activités conduisant à l'élaboration de l'architecture du système. C'est-à-dire :

* élaborer l'architecture statique et dynamique Hardware/Software
* définir la décomposition en constituants (tâches, objets, …)
* décrire ces constituants, montrer la logique, l'imbrication, l'enchaînement de ces différents constituants ainsi que la circulation des données.

Cette partie d'analyse permet de dire ce que doit faire le système avant de s'accorder sur « la manière dont il doit le faire ».

II.2.3. CONCEPTION DÉTAILLÉE

Son objectif est de déterminer la manière de résoudre le problème étudié par l'analyse et donc de proposer des solutions d'implémentation et de réalisation. La phase de conception permet de s'accorder sur « **la manière dont le système doit être construit** » et non plus sur « ce qu'il doit faire ».

II.2.4. TESTS UNITAIRES

Activité ayant pour but de vérifier que chaque composant pris isolément donne des résultats conformes à la conception détaillée. Ces tests sont essentiels.

II.2.5. Intégration

C'est l'activité consistant à assembler et à tester progressivement les composants identifiés lors de la conception préliminaire et contrôlés lors des tests unitaires.

II.2.6. Validation

La validation conduit à s'assurer essentiellement au moyen de tests qu'un système est conforme aux spécifications. Une bonne technique de validation est de contrôler la réaction du système lors de l'exécution de scénarios écrits lors de l'analyse, ce système peut être un programme informatique, un modèle physique, une architecture de calculateur et périphériques électroniques.

II.3. Les niveaux de validation

Avec le nombre croissant de fonctions électroniques utilisées dans l'automobile, la sécurité et la fiabilité de ces systèmes deviennent des enjeux de plus en plus importants ; et ce, d'autant plus, que leurs applications ne se limitent plus au confort mais s'étendent à la sécurité (Airbag, EPS, ABS, TC, RV/LV, contrôle moteur,…).

Ainsi les industriels se doivent de maitriser les risques inhérents à l'électronique embarquée : architectures, logiciels, mécatronique. D'où certaines questions se posent :

- Comment démontrer la fiabilité et la sécurité des systèmes embarqués ?
- Comment intégrer les exigences de sûreté de fonctionnement au plus tôt dans la conception et tout au long du cycle de vie du produit ?
- Comment répondre aux exigences des clientèles en termes de qualité et sûreté de fonctionnement ?
- Comment optimiser les coûts de développements (amélioration des processus de conception, diminution des coûts de re-engineering) ?

La réponse à ses questions exige la définition des niveaux de validation dans un ordre croissant d'abstraction, permettant ainsi d'avoir des vues : proche, moyenne, superficielle dans l'analyse et lors de dépistage des anomalies qui peuvent se rattacher à un niveau qu'à d'autres.

On peut définir 3 niveaux de validation qui sont adoptés par ARDIA :

- La validation couche basse: C'est la validation d'une plate forme, elle consiste principalement à la vérification de ses différents APIs par rapport aux exigences prédéfinies.
- La validation fonctionnelle applicative: C'est la vérification des différents modules ou composants d'un système par rapport aux exigences prédéfinies.
- La validation système: C'est la validation de tout un système, elle consiste à valider le comportement global de celui-ci et l'interaction entre ses différents composants.

II.4. TERMINOLOGIE
II.4.1. DÉFINITION D'UN TEST

Un test désigne une procédure de vérification partielle d'un système. Le but est de trouver un nombre maximum de comportements problématiques de celui-ci, car il est impossible de prouver qu'un système fonctionne bien dans tous les cas. Plus le nombre d'erreurs trouvées est important, plus il y a de chances qu'il y ait davantage d'erreurs dans le composant hardware ou software visé. Les tests de vérification ou de validation visent à s'assurer que ce système réagit de la façon prévue par ses concepteurs (spécifications) ou est conforme aux attentes du client l'ayant commandé (besoins), respectivement.

Un test ressemble à une expérience scientifique. Il examine une hypothèse exprimée en fonction de trois éléments : les données en entrée, l'objet à tester et les observations attendues. Cet examen est effectué sous conditions contrôlées pour pouvoir tirer des conclusions. Un bon test respecte également l'exigence de répétabilité.

De plus, le test d'un circuit électronique est une étape importante, car il s'agit souvent de systèmes complexes dont on ne peut garantir la fiabilité et les performances, même après de nombreuses simulations. On distingue les tests unitaires, pour la mise au point de prototypes, et les tests en série, plus ou moins automatisés, destinés à repérer les défauts de fabrication et/ou d'assemblage. De nombreux outils existent pour faciliter cette étape importante : appareillage de mesure (multimètre, oscilloscope, analyseur de fréquence, etc.), standards pour la mesure automatisée (JTAG, GPIB), systèmes automatisés (planche à clous, testeur à sonde mobile, banc de test spécifique).

II.4.2. DÉFINITION D'UN BUG

Un Bug ou défaut est définit comme une imperfection dans un composant ou un système qui peut en perturber le fonctionnement. Ce défaut est révélé par une défaillance (*failure*) s'il est exécuté, c'est-à-dire une déviation par rapport au comportement ou résultat attendu.

Cette définition indique que l'exécution du produit n'est pas la seule façon de détecter des défauts. Elle laisse aussi entrevoir qu'un code peut être syntaxiquement et algorithmiquement correct et pourtant présenter un défaut qui ne sera manifesté que lors d'un test de performance par exemple. Dans un tel cas, l'origine du défaut pourrait être une erreur d'architecture ou de configuration.

II.4.3. CLASSIFICATION DES TESTS

Il existe différentes façons de classer les tests, on peut adopter la classification selon trois perspectives : la nature de l'objet à tester (perspective étroitement liée au cycle de développement), le niveau de connaissance de la structure de l'objet et le type de caractéristique ou propriété (performance par exemple).

Le CFTL (Comité Français du Test Logiciel : ISTQB en anglais), identifie quatre niveaux de test :

1. Composant (Unitaire)
2. Intégration (anciennement test d'intégration technique...)
3. Test Système (anciennement Homologation, ou test fonctionnel, ou même test d'intégration fonctionnel...)
4. Test d'acceptation ou UAT (User Acceptance Testing) (anciennement Recette, test usine...)

De plus, il est reconnu que d'autres niveaux de test soient requis afin de répondre à des besoins spécifiques formalisés dans les exigences : test de performance, de sécurité, d'ergonomie... D'où on peut conclure qu'on ne peut pas être exhaustif dans la classification des tests, mais on garde toujours à l'esprit que quelque soit la forme on vise à livrer un produit avec le moins de bugs et d'anomalies.

II.5. LE PROCÉDÉ DE VALIDATION AU SEIN D'ARDIA

La position de « clampin » de la validation, dans le cycle de vie d'un produit, augmente sa criticité et pousse les industriels à définir une méthodologie qui reste intrinsèque à chacun et sur laquelle se base pour synthétiser un produit fiable. Dans ce contexte ARDIA a mis en place une stratégie reposant sur l'analyse préliminaire de la spécification et la critiquer afin d'en sortie les informations nécessaires à la compréhension du système que ce soit de point de vue développeur que validateur.

On note aussi que la validation au sein de ARDIA combine à la fois la validation hardware et software, c'est pour cela elle se sert d'outils logiciels qui lui sont propre, pour l'authentification de son produit, on trouve la plate forme logiciel ActiGRAF , qui sert à la synthèse de l'application qui est en fait une programmation par la méthode de paramétrage des périphériques ,calculateurs, associés au système , la génération du programme donne naissance à un fichier en langage machine qui sera télécharger dans la mémoire du maître de l'architecture .

La figure II.2 ci-dessous illustre le procédé de validation au sein d'ARDIA :

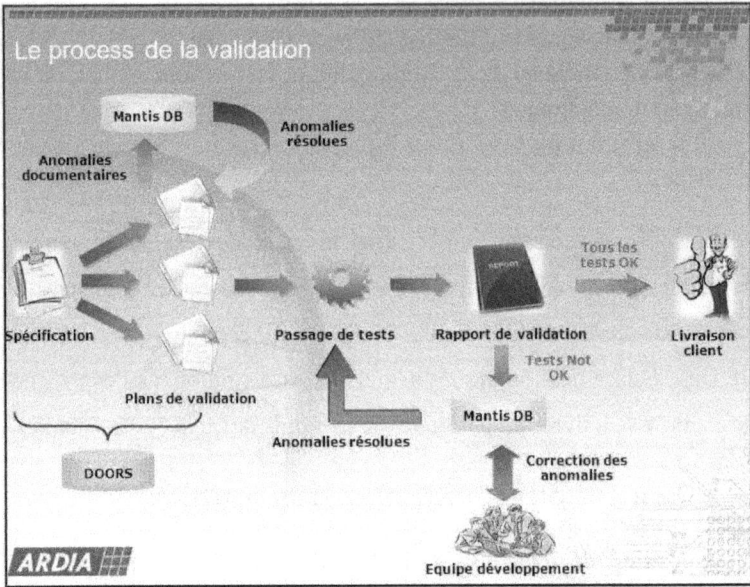

Figure II.2 Schéma représentatif du processus de validation

II.5.1. CRITIQUE DE LA SPÉCIFICATION

La spécification et le document sur lequel les développeurs et les validateurs se basent pour la programmation et la conduite de fonctionnement des architectures, d'où elle constitue un lien entre ce que demande le client et ce que l''équipe d'ingénieurs de bus et cars doivent faire. Mais ce qui est évident c'est que la spécification n'est pas toujours parfaite et nécessite autant de correction et de relecture pour la considérer comme document de référence et d'appuie car dans le cas où une erreur se glisse dans ce niveau elle entraînera énormément de problème dans la phase de rédaction des cas de tests.

ARDIA met en place une base de données appelée « Doors » qui renferme tous les spécifications, sous forme de plans en interdépendance (liens) et répartis selon les projets à les quels ils appartiennent. L'étude d'une architecture système, dans notre cas le système ACTIMUX, doit passer par la lecture des spécifications des calculateurs (Power et CAMU) mis en jeu, et la spécification des architectures ACTIMUX. On détaillera l'outil « Doors » et ses fonctionnalités dans le chapitre : les outils logiciels et hardwares.

II.5.2. ECRITURE DU PLAN DE VALIDATION

Une fois la phase de lecture des spécifications et de correction est bien établie, l'ingénieur validation doit mettre en place une stratégie pour écrire un plan de tests, il se sert dans cette phase de son savoir faire et ses compétences issues de la bonne compréhension des spécifications en essayant de mettre le système sous des configurations différentes et des contraintes qu'il doute que le développeur à mal interpréter les exigences du client, lors de la phase de développement, d'où un bug est remonté.

Le plan de test, ou bien plan de validation, obéit certaines normes d'écriture et de mise en forme, qui rendent les cas de test lisibles et simples à interpréter. L'écriture se fait sous « Doors », sous la forme illustrée par le tableau II.1 suivant :

Tableau II.1 Les Champs constitutifs du plan de validation

Nom du test	Numéro du test	Contexte	Conditions initiales	Procédure de passage	Résultat attendu
Titre du cas de test	Le numéro du cas de test	Le contexte dans lequel on doit placer le système pour passer ce test	L'état initial du système avant le passage de ce test	Description du test	Le résultat qu'on doit avoir pour être conforme à la spécification

Lors de l'écriture des cas de tests, le validateur établit des liens entre le cas de test et les exigences qu'il satisferait dans la spécification, ainsi on a la traçabilité de la spécification par rapport à ce cas de test.

II.5.3. Le Passage des Tests

C'est dans cette phase le validateur commence à exploiter ce qui a été établi par le développeur, en se servant d'outils qui correspondent au type de la validation ; software (par exemple ActiGRAF) ou bien Hardware (architecture de calculateurs ACTIMUX ou MULTIBUS), les tests seront passé en affectant :

◾ OK = pour les tests conforme aux résultats attendus

◾ NP= pour les tests non-passer pour des raisons techniques, ou ne figure pas dans le standard de calculateur en question.

◾ NOK = pour les tests non-conforme aux résultats attendus

Dans le cas ou le test et NOK, un bug se manifeste, on doit :

◾ S'assurer que la manipulation est correcte

◾ Essayer de reproduire le problème

◾ Caractériser le problème

◾ Remonter le problème

Pour se faire on doit d'abord évaluer son niveau de criticité et à quel degré il touche au système, l'équipe de système embarqué Bus et Cars a défini 4 niveau de criticité :

Tableau II.2 Les niveaux de criticité des bugs

K1	-Anomalie bloquante par rapport au fonctionnement du système -Non-conformité par rapport à une exigence de type « sécurité » de la spécification
K2	-Anomalie bloquante par rapport au fonctionnement d'un élément du système -Anomalie qui touche un élément de système et ayant une influence sur le fonctionnement d'autres éléments
K3	Anomalie qui touche un élément du système mais qui n'influe pas sur le fonctionnement d'autres éléments
K4	Anomalie mineure qui n'a pas d'influence sur le comportement du système et dont la correction n'est pas prioritaire

Cela permet d'archiver le scénario de test dans la base de données de gestion d'anomalies, nommée « Mantis » qui constitue un champ d'interaction entre l'équipe de développement et l'équipe de validation pour surmonter le bug et rectifier l'erreur.

II.6. CONCLUSION

Pour accomplir avec succès la tâche de validation, qui s'avère un peu compliquer puisqu'elle obéit à plusieurs intervenants, ARDIA à instaurer un nombre d'outils logiciels, des bases de données, des équipements hardware pour la gestion de projet et garder un flux d'informations bidirectionnelles entre l'équipe de développement et l'équipe de validation, ces outils seront explicités dans le chapitre « les outils software et hardware pour la validation ».

CHAPITRE 3 : LES OUTILS SOFTWARE & HARDWARE POUR LA VALIDATION

III. LES OUTILS SOFTWARE & HARDWARE

III.1. INTRODUCTION

Dans cette partie, on expliquera la technique de gestion de projet au sein d'ARDIA par les validateurs, qui se servent d'un bon nombre de dispositifs logiciels et hardwares dans le but d'approuver leur produit.

III.2. LA BASE DE DONNÉES D'ARCHIVAGE « DOORS »

Doors (**D**ynamic **O**bject **O**riented **R**equirements) est une base de données avec interface utilisateur, qui permet la gestion des exigences à savoir :

- Organisation des exigences (modules)
- Définition formalisée des exigences (attributs)
- Liens entre les exigences (modules de liens)
- Traçabilité des exigences et impact d'une modification
- Génération de documents au format Word

Le but de l'utilisation de Doors et d'assurer une vue claire et explicite sur un projet, ainsi qu'un suivie instantané de son évolution et les modifications qui touchent l'une de ses entités. L'accès à la base de données se fait d'une manière personnelle et privée, où le validateur dispose d'un « *username* » et d'un « login » unique, se qui permet un suivie à chaque modification apportée par l'un des ingénieurs.

Figure III.1 L'accès sécurisé et personnel à la base de données DOORS

La figure III.2 illustre la page d'accueil de la base et l'arborescence des projets:

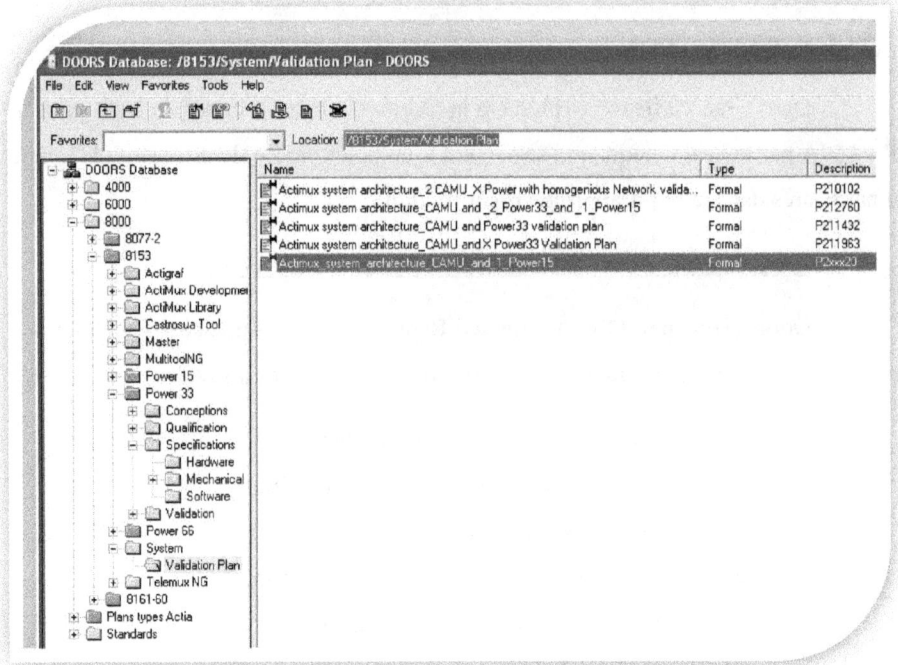

Figure III.2 Vue de la page d'accueil de la BD DOORS

Il y a trois modes d'ouverture d'un document sous Doors :

▓ Lecture (Read-only) : on peut que lire le document.

▓ Partage (Sharable Edit) : on peut accéder au document le modifier en même temps qu'il est en cours de modification par quelqu'un d'autre.

▓ Exclusif (Exclusive Edit) : modifier le document sans donner la main aux autres à le modifier, ils peuvent que le lire.

L'écriture dans Doors se fait sur un document vide qui possède une mise en forme particulière suivant le plan à écrire : validation ou bien une spécification.

La figure suivante illustre un plan de validation en mode écriture, la partie de gauche se présente comme une liste déroulante permet un accès rapide à une partie bien précise du plan, ce qui améliore la lisibilité et la compréhension, et donne une idée sur la stratégie suivie lors de l'écriture de plan de validation par le valideur.

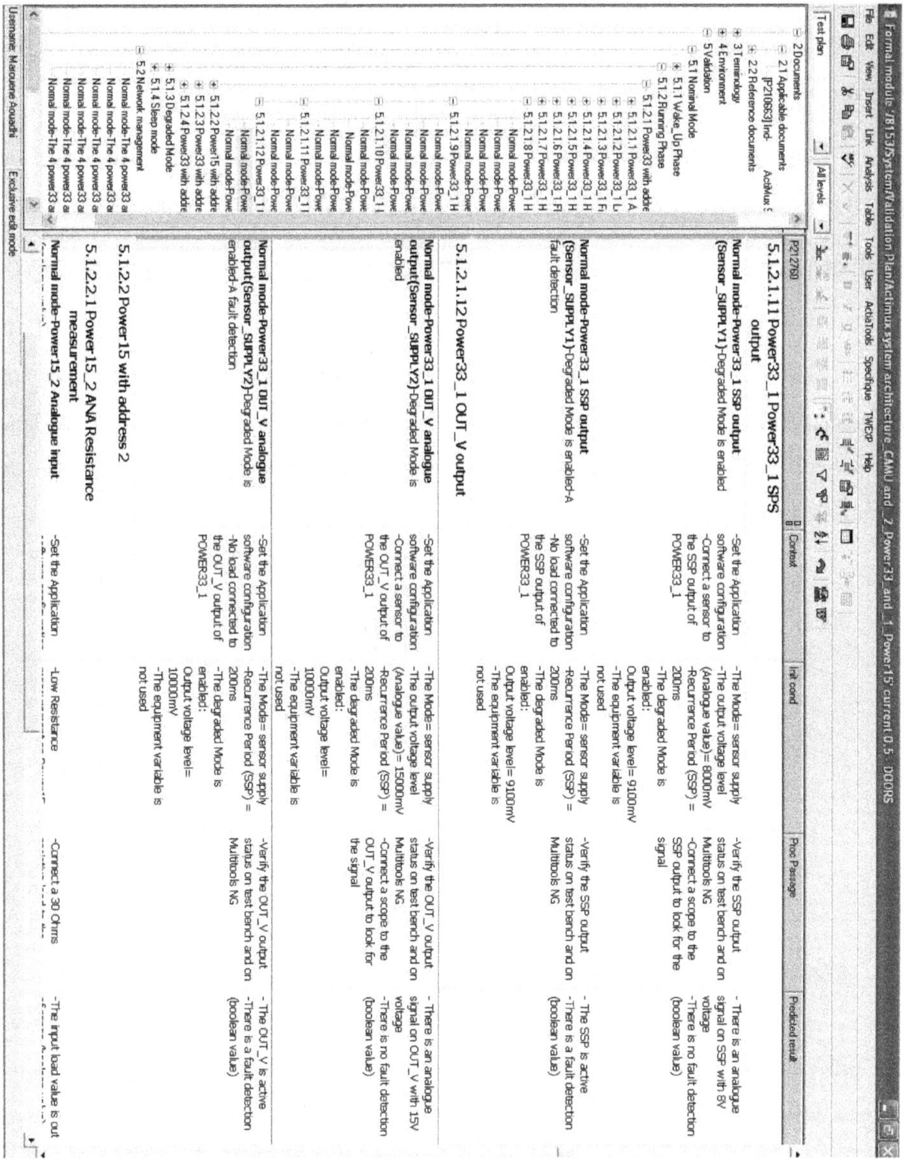

Figure III.3 Un plan de validation sous DOORS

Dans un plan de validation, chaque test valide une ou plusieurs exigences dans la spécification, on crée pour chaque test les liens correspondants côté spécification.

Un plan subit l'action de « base-line » suite à la une relecture par le chef de projet pour juger qu'il est fiable et le qualifier comme document d'appuie.

III.3. LA BASE DE DONNÉES DE GESTION D'ANOMALIES « MANTIS »

La base de données Mantis constitue le moyen d'archivage de toutes les anomalies et les bugs révélés par l'équipe de validation et les messages inscrits dans cette plate forme seront transmis   à l'équipe de développement, on parle de déclaration de « point Mantis ».

Figure III.4 L'accès sécurisé et personnel à la base de données MANTIS

Un point Mantis est un descriptif détaillé de l'anomalie et les circonstances qui ont engendrées son apparition lors de la phase de passage. L'affectation d'un niveau de criticité du bug est obligatoire pour ordonner l'avancement des corrections par les développeurs, qui se fait d'une manière progressive, la couleur change à chaque intervention, comme la montre le code couleur dans le tableau III.1 suivant :

Tableau III.1 Le code couleur indiquant l'avancement du traitement des bugs

(0D)new	Un nouveau point Mantis qui n'est pas encore traité
(1D)assigned	Anomalie assignée à un développeur pour la traiter
(2D)analysed	Le point a été analysé et le problème est identifié
(3D)containment actions	Une action curative est proposée (optionnel)
(4D)root cause found	Anomalie dont la cause a été identifiée
(5D)permanent correction	Une correction a été proposée
(6D)correction applied	La correction proposée est implémentée
(7D)solved	La bug est résolu et en attente de clôture
(8D)closed	Le problème est clôturé par l'équipe de validation après le passage du plan de non régression.

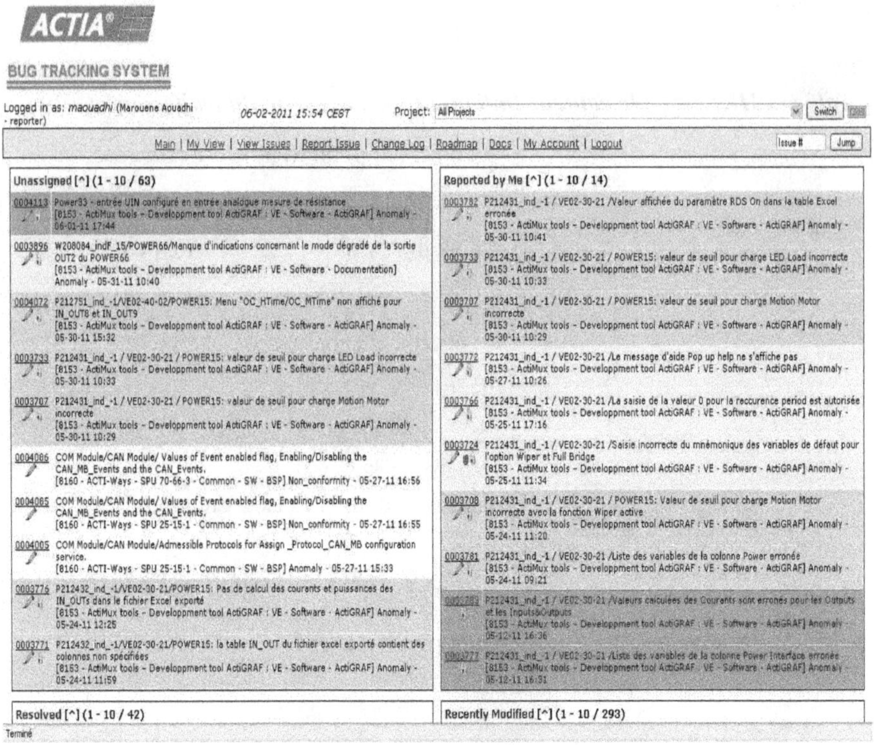

Figure III.5 Vue de la base de données de

déclaration des anomalies « MANTIS »

III.4. LA PLATE FORME LOGICIELLE

III.4.1. ACTIGRAF

ActiGRAF est un logiciel développé par les ingénieurs d'ARDIA, dans le but de programmer les calculateurs maître ACTIMUX et créer un environnement convivial pour gérer les architectures système. La validation de la partie hardware (maître + esclaves) revient à vérifier indirectement la fiabilité de cet outil.

En fait la programmation consiste à paramétrer le calculateur et son environnement : par exemple, on peut définir une entrée pour la mesure de tension ou bien pour la mesure de résistance en fixant les seuils pour les quels le calculateur génère un défaut dans le cas de dépassement. Ou bien contrôler le pilotage d'un moteur électrique d'essuie glace, ou le comportement d'une lampe dans le mode dégradé d'un esclave qui perd la communication momentanément avec son maître, il est considéré comme mode critique.

Après le paramétrage du maître et des esclaves, on peut synthétiser le code de programme de deux manières:

- Générer un seul fichier H86 en langage machine pour le câblage et l'application, ce fichier sera téléchargé dans la mémoire du maître.
- Générer deux fichiers H86, un pour la partie câblage le deuxième pour l'application, le téléchargement se fait de la même manière pour un seul fichier.

Cette technique permet en sorte de localiser le défaut, dans ActiGRAF, dans le cas de problème de programmation ou un dysfonctionnement. La création de l'application se fait par l'outil IsaGRAF tandis que le téléchargement du fichier H86 se fait par l'outil ActiGRAF.

ActiGRAF ® Development Pack

File Tools Generate Download ?

Vehicles
- Vehicle CAMU-P33
  - CAMU-P33
    - CAMU
      - Wiring
      - V1_00
    - Application
    - PFE_1
    - Appli_15
    - CAMU
      - Application
      - Wiring
      - V1_00

Network
- Wake-Up_Origin
- Outputs
  - OUT01
  - OUT02
  - OUT03
  - OUT04
  - OUT05
  - OUT06
  - OUT07
  - OUT08
  - OUT19
  - OUT20
- Inputs/Outputs
  - SENS_SUP1
  - SENS_SUP2
  - IN_OUT09
  - IN_OUT10

Add   Remove

Info:
Connector:	CN1.5
Logical Contact:	OUT_V
Activation level:	
Comment:	Sensor Supply 1

Output power:
Power Supply:	VBAT
Nominal Load (w):	0
Power Dissip. factor (%):	100

Parameters:
General:
Mode	Sensor supply used
Recur. Period. SSP	500 ms

☐ Degraded Mode

Mnemonics:
Output_Ana		Clear
Fault		Clear
Equipment		Clear

I/O description :

Actimux Power33 : Output SENS_SUP1 description

This outputs have Two different functions, it may be used as:

1 - Sensor Supply output
2 - Oil Level measurement

1- Sensor Supply output

This function is common for all SENSOR SUPPLY outputs of the POWER ECU (more Details).

2- Oil Level measurement

This document aims at describing how the Oil level measurement is processed on ActiMux Power ECU. It intends to provide help for application design under ActiGraf. Oil level measurement function is allowed on Power ECU Sensor Power Supply output. Measurement principle consists in supplying a stabilized current to an "hot wire" sensor and to process 2 measurements of the delivered voltage. Measurements are separated by a user-defined time interval that is accurate enough to guarantee measurement reproductibility. ActiGraf offers an interface to 2 parameters : "Measure Interval " and " Generated Current " that should be adapted to the sensor

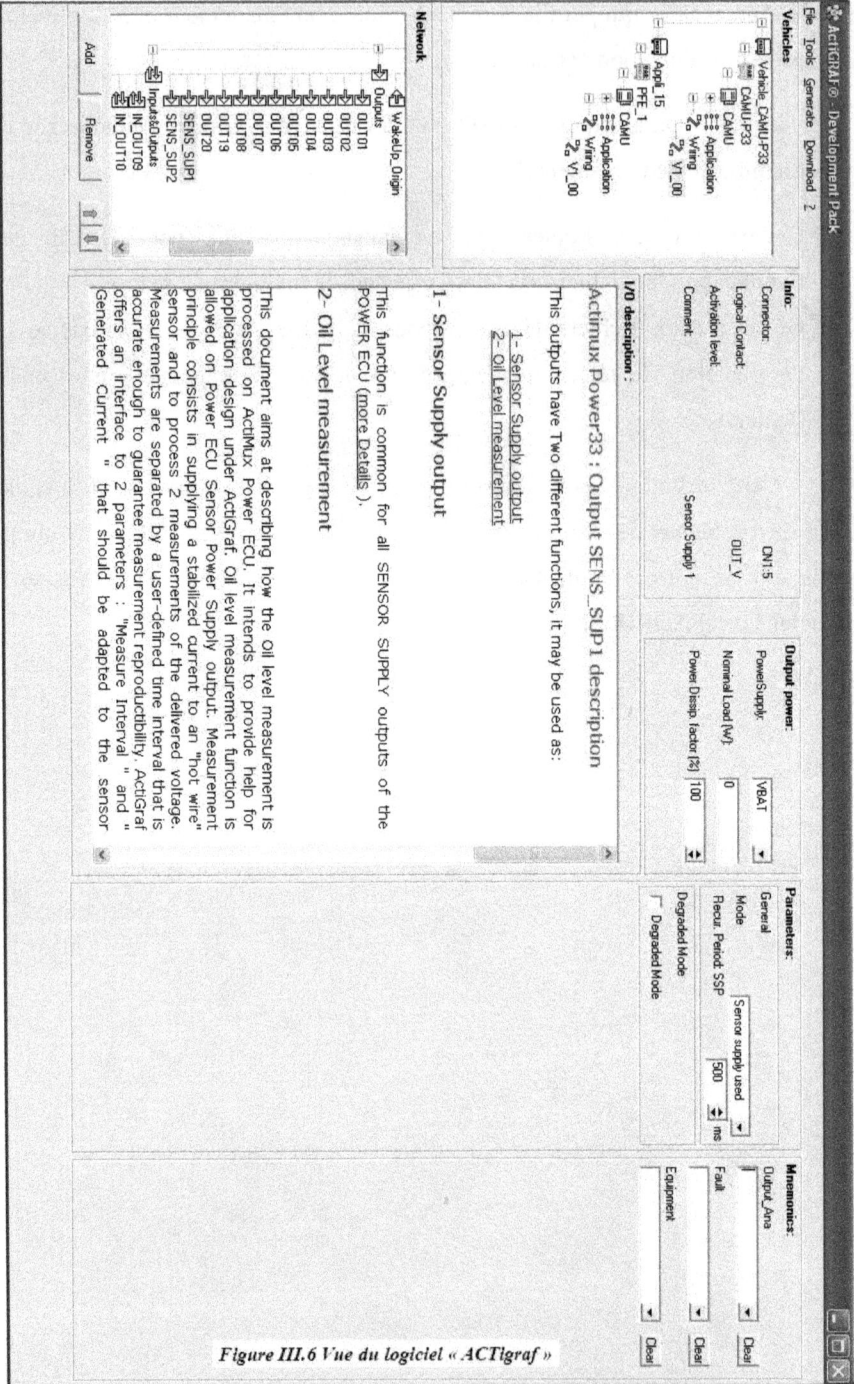

Figure III.6 Vue du logiciel « ACTigraf »

III.4.2. ISAGRAF

L'outil IsaGRAF est un logiciel associé à ActiGRAF, qui permet la création de l'application et de gérer le fonctionnement lors du passage du plan de validation, il est basé sur la déclaration des variables et établir des liens, de manière à avoir une vue générale lors de fonctionnement.

Les variables seront déclarées dans un dictionnaire dans lequel on spécifie le type :

Variable binaire (0 ou 1) contenant par exemple un flag de défaut

Variable analogique, content la valeur de courant, de tension ou de résistance

Déclarer des « Timers » pour le comptage de temps

Il existe plusieurs d'autre fonctionnalité comme les protocoles de communication les multiplexeurs, etc.

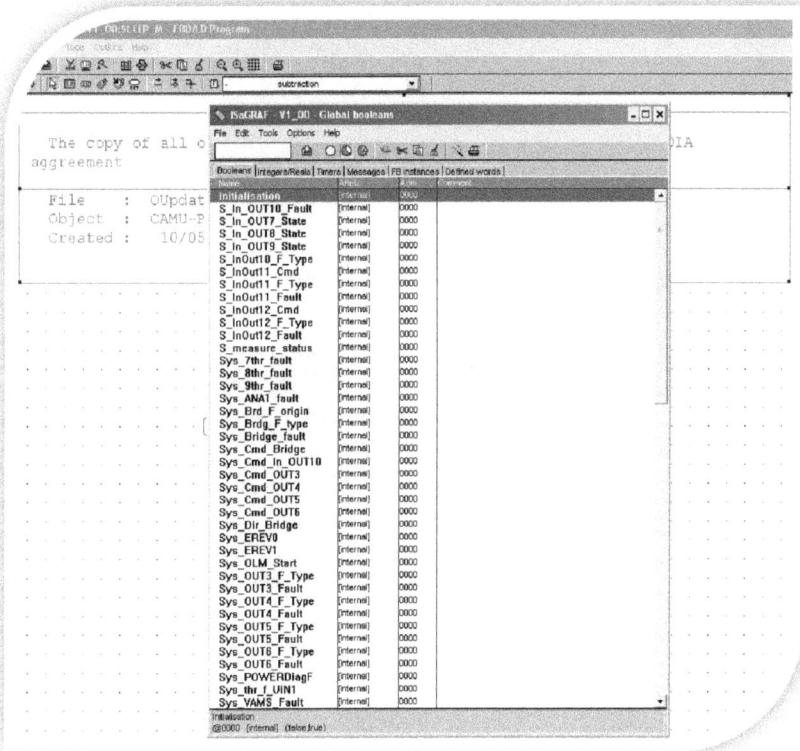

Figure III.7 Le dictionnaire de déclaration des variables dans IsaGRAF

III.5. L'OUTILS HARDWARE

III.5.1. LES VALISES DE TEST

Pour intervenir sur l'architecture de calculateur, commander les entrées/sorties, on doit disposer d'un outil permettant la communication et l'exploitation des ces ressources, donc la forme compact et blindé de tels calculateurs est un obstacle, mais ARDIA dispose de valises qui représentent les calculateurs sous leurs formes explosées, facilitant la manouvre des validateurs et rendent la phase de passage plus interactive.

Figure III.8 La valise de test pour Power 15 et Power33

Figure III.9 La valise de test pour le CAMU

Pour chaque calculateur, on dispose d'une valise et des outils de communications parmi les quels :

▓ Le connecteur CAT : qui sert pour envoyer des trames de donnés aux calculateurs, et principalement accomplir la fonction d'espionnage dans une architecture pour l'écoute des trames envoyées de et vers les unités de calculs, de manière à repérer les anomalies et mieux comprendre le fonctionnement.

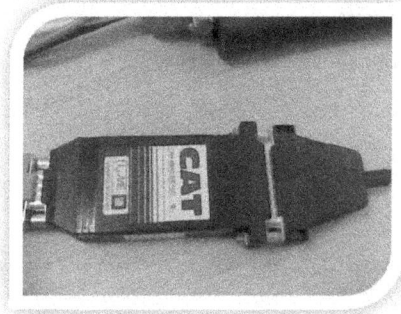

Figure III.10 Le Connecteur CAT

▓ Le Passthrou : un outil qui permet de communiquer via sa liaison CAN entre le PC et l'architecture système dans la phase de débogage.

Figure III.6 Le connecteur Passthrou

III.5.2. LE PASSAGE DES TESTS

La phase de passage de tests est une fin que tous ingénieurs de validation doit l'accomplir avec autant de professionnalisme, et d'organisation de manière à ne pas laisser aucune faille pour les bugs imprévisibles, il doit mettre en place son architecture y compris le câblage et l'interfaçage avec le PC, ainsi que les appareillages de mesure et d'instrumentation : oscilloscope, multimètre, GBF…, en respectant la démarche et la description des tests dans le plan de validation il inscrit tous dysfonctionnements dans la base Mantis, et en utilisant les interfaces de communications :

- Le débuggeur sous IsaGRAF
- Multitool NG pour le diagnostic
- Le comportement des périphériques interconnectés à l'architecture : moteur, lampe, LED, capteur….

Figure III.7 Architecture système ACTIMUX câblée

III.6. CONCLUSION

Suite à cette présentation non-exhaustive de la tâche de validation qui fait appel aux capacités d'ingéniosités du validateur et des moyens techniques et logiciels performant et hautement qualifiés, on traitera dans le chapitre suivant l'architecture du système ACTIMUX : un maître CAMU et un Power 15 en utilisant les intervenants software et logiciel disponibles au sein d'ARDIA.

CHAPITRE 4 : RÉALISATION & RÉSULTATS

IV. RÉALISATION & RÉSULTATS

IV.1. INTRODUCTION

Dans ce présent chapitre, on détaillera la tâche réalisée au sein de l'équipe validation, qui consiste à authentifier la fiabilité par rapport aux exigences de deux architectures : la première un CAMU et un Power15, la deuxième un CAMU deux Powers 33 et un Power15, en déployant la chronologie suivie pour la synthèse d'un rapport d'appui.

IV.2. L'ARCHITECTURES SUJET DE L'ÉTUDE

IV.2.1. ARCHITECTURE 1 : CAMU + POWER15

Cette première architecture est constituée d'un maître CAMU interconnecté avec un Power 15. La validation commence par une lecture des spécificités suivantes :

- La spécification des architectures ACTIMUX
- La spécification du Power15

On peut ainsi définir une stratégie de test c à d prévoir une configuration la plus pertinente possible pour tester tous les entrées/sorties de manière à aborder des testes critiques où on doute que le la phase de développement ne coïncide pas avec ce qui est demandé, cela revient en fait à la validation de la partie software.

Puisque cette architecture comprend un seul esclave j'ai adopté la stratégie de test la plus classique c'est de paramétrer et configurer chaque entrée à part, qui n'est pas le cas pour la deuxième architecture, dans ce qui suit un descriptif non exhaustif sur les entrées/sorties disponibles à tester :

- Entées fréquentielles configurées pour l'acquisition d'un signal carré avec un seuil au delà duquel un flag d'erreur est mis à 1
- Des entrées analogiques pour l'acquisition de la valeur d'une résistance ; on définit deux seuils (Low Threshold et High Threshold) de manière à avoir un flag d'erreur dans le cas de dépassement.

▓ Une entrée de réveil qui permet de faire sortir le Power15 de son état de sommeil (Sleep Mode) vers le mode de fonctionnement normal (Running phase)

▓ Des Entrées analogiques pour l'acquisition de tension avec des seuils pour la détection de défauts dans le cas de dépassement.

▓ Les sorites pour le pilotage de moteur électrique avec deux configurations disponibles :

  ➢ Half Biridge (*HB*) : une sortie qui génère le signal PWM pour piloter le moteur dans ce cas un seul sens de rotation est possible.

  ➢ Full Bridge (*FB*) : deux sorties qui fonctionnent de façon à permettre une commande du moteur dans les deux sens.

▓ Sotie pour l'acquisition du niveau d'huile par le calcul de la différence de voltage entre deux instants. Cette même sotie peut être configuré pour alimenter un capteur avec une tension précise c'est le mode « Sensor Supply » (*SS*).

Cette diversité des options disponibles dans le Power15 permet une multitude de cas de tests, mais il faut choisir les tests les plus intéressants à programmer en développant l'application sous IsaGRAF après avoir écrit le plan de l'application qui sert à définir pour chaque entrée/sortie sa configuration détaillée.

Lors de passage de test de cette architecture ACTIMUX, j'ai relevée les bugs suivants :

▓ Pour les sortie OUT11 et OUT12, on ne peut pas recueillir la valeur de courant alors que la valeur de lecture de courant « Current Feedbak » est active (la variable garde toujours la valeur 0).

▓ Pour l'entrée ANA1 configurée en mesure de résistance la variable de défaut de dépassement des seuils est inversée.

▓ Le POWERDialogF, le flag qui signalise le défaut de communication entre CAMU et POWER, ne remonte pas le défaut.

Ces bugs sont signalés dans la base Mantis pour être traités par les développeurs d'ARDIA.

IV.2.2. Architecture 2 : CAMU +2 POWER33+POWER15

Pour l'architecture « CAMU+2 Power33+Power15 » la tâche principale était l'écriture du plan de validation qui contient un bon nombre de tests congruents dans le but de déployer la complexité du réseau et s'imposer aux bugs qui peuvent survenir.

La particularité de cette architecture réside dans la possibilité de commander les mises en fonctionnement des entrées/sorties d'un esclave à partir de celles d'un autre esclave dans le même réseau d'où une interdépendance entre les esclaves, cette technique permet de vérifier la bonne circulation des trames de données entre les différents calculateurs via le CAMU, ainsi que la fonctionnalité de ces entrées/sorties.

Nous détaillerons dans ce qui suit la structure du plan de validation qui comporte 4 parties indépendantes, en relation avec les modes de fonctionnement des calculateurs.

On note que pour tous les calculateurs Power15, Power33, Power66 il existe 3 modes de fonctionnement :

- Le Sleep Mode : c'est le mode de sommeil pour la réduction de consommation d'énergie.
- Le Runnig Mode : c'est le mode de fonctionnement normal
- Le Degraded Mode : c'est le mode de fonctionnement critique qui se manifeste dans le cas d'un dysfonctionnement dans la liaison CAN entre le maître et l'esclave.

IV.3. L'ÉCRITURE DU PLAN DE VALIDATION
IV.3.1. STRATÉGIE SUIVIE

Pour écrire le plan de validation cohérent et consistant, il faut débuter par tracer une stratégie pour le testage ; dans le cas de l'architecture « CAMU + 2 Power33 + Power15 » on a adopté une technique d'interdépendance qui repose sur le principe suivant :

Une entrée ou sortie ne peut entrer en marche que si on valide son fonctionnement par un bit spécifique dans un registre du POWER, et cela se fait part l'affectation de la valeur vraie dans l'application sous IsaGRAF, on adopte de valider le fonctionnement en agissant sur une autre dans ce qui suit on aborde les principales phases de fonctionnement en illustrant la validation dans chaque phase par des exemples de tests.

IV.3.2. LE WAKE UP PHASE

Le Wake Up est la phase de transition pour le Power qui passe du mode sommeil (Sleep Mode) et le mode de fonctionnement normal (Running mode), il existe plusieurs source de réveil pour l'esclave :

- L'alimentation
- L'alimentation spécifique VAMS
- Deux entrées spécifiques de réveil (WK_UP1 et WK_UP2)
- Les trames de données qui circulent dans le réseau

Dans cette partie, on va tester la disponibilité d'un Power à répondre à l'appel de mise en fonctionnement par le CAMU, le power est défini par une adresse inter dans l'application, qui doit correspondre à l'adresse physique fixée dans la valise par deux lignes :

- ADR_LINE1
- ADR_LINE2

Tableau IV.1 Test de la sensibilité du l'esclave à l'appel de réveil par le CAMU

Address Validation On Network	Context	Initial condition	Procedure Passage	Predicted result
Identify the Powers' addresses on Network The POWER33_1 Address into Application=1 →The POWER physical address=1 The POWER15_2 Address into Application=2 →The POWER physical address=2 The POWER33_3 Address into Application=3 →The POWER physical address=3	-Set the Application software configuration	-All wake up source are enabled and inactive -The CAMU, Powers33_1, Power33_3, and Power15_2 ECUs are in Sleep mode -VAMS is inactive for each Power	-Configure Powers' addresses as follow: -Power33_1: Connect ADR_Line1 to the ground Connect ADR_Line2 to the ground -Power15_2: Connect ADR_Line1 to the ground Make an open circuit on ADR_Line2 -Power33_3: Connect ADR_Line1 to the ground Connect ADR_Line2 to VBAT -Make VAMS active for all Powers	-The Power33_1 is in running phase -The Power15_2 is in running phase -The Power33_3 is in running phase

IV.3.3. Le Running mode

Le « Running mode » est le mode de fonctionnement normal, pendant le quel des trames de données circulent dans le réseau via la liaison CAN où tous les entrées/sorties des power suivent le commandement du CAMU qui reçoit d'une manière périodique des informations issues des mesures dans le cas d'acquisition de tension ou courant ou bien envoie des commandes pour les sorties, dans ce qui en traite un exemple de test illustrant l'interdépendance :

Tableau IV.2 Test de fonctionnement moteur dans les deux sens

Power33_1 FB9A output	Context	Initial condition	Procedure Passage	Predicted result
Normal mode-Power33_1 Full Bridge2 (FB9A) ← Power33_3 UIN7 ←Power15-2 IN_OUT11 -The Power33_1 Full Bridge2 is active UIN7 is LS input -Low threshold=9V -High threshold=19V -Filter value=168ms IN_OUT11 is LS input -Low threshold=10V -High threshold=15V -Filter	-Set the Application software configuration -Connect a Motion Motor to OUT3 and OUT4 outputs of Power33_1	**The POWER33_3 software configuration:** -UIN7 is LS logical input -Low threshold=9V -High threshold=19V -Filter value=168ms **The POWER15_2 software configuration:** -IN_OUT11 is LS logical input -Low threshold=10V -High threshold=15V -Filter	- Connect the POWER33_3 UIN7 input to ground, so the POWER33_1 Full Bridge2 Command= ON (Boolean value) -Connect the POWER15_2 IN_OUT11 to VBAT, so the POWER33_1 Full Bridge2 Direction is Forward = OFF(Boolean value) -Set the Current value <Low current threshold -Verify the Power33_1 Full Bridge2 output status on test	-The POWER33_1 Full Bridge2 is active (OUT3 is HS and OUT4 is LS) -There is a fault detection (Boolean value) -The failure origin= an Applicative Software threshold (Boolean value=True) -The Motion

value=168ms **Motion Motor Load** -Degraded Mode is disabled -Filter value=480ms -Bridge Break Time=2000ms -Frequency= 500Hz -Duty Cycle= 50% -Bridge direction=0 (Forward) -Current value < Low current threshold		value=168ms **The POWER33_1 software configuration:** -The load type= Motion Motor -The current Feedback is enabled -The current filter= 480mA -Low current threshold= 500 mA -High current threshold= 2500 mA -Duty Cycle= 50% (analogue value) -Frequency= 500Hz (Low frequency) -Bridge Break Time= 2000ms -IN_OUT11 tied to VBAT Bridge direction=0 (Forward) -Recurrence Period OUT_CMD= 200ms	bench and on Multitools NG -Verify Motion Motor status	Motor is driving forward -The current value= depends on load

		-Recurrence Period OUT_I = 200ms -The degraded Mode is disabled -The diagnostic master mode is enabled -Protection Profile= Auto Calculate enabled -The equipment variable is not used -To assign the POWER33_3 UIN7 to Power33_1 Full Bridge2 -To assign the POWER15_2 IN_OUT11 to POWER33_1 Full Bridge		

IV.3.4. LE DEGRADED MODE

Pendant le « Degraded » mode les sorties de l'esclave seront pilotées d'une manière particulière selon leurs configurations, ce mode se manifeste lorsqu'un dysfonctionnement survient sur la communication entre le CAMU est le power en question, bien sur les autres esclaves gardent un fonctionnement normal tant qu'ils sont connectés via la liaison CAN au CAMU.

Tableau IV.3 Test de fonctionnement d'une sortie 9A pour piloter une lampe

HB9A output	Context	Initial condition	Procedure Passage	Predicted result
-From Normal mode → Degraded mode →Normal mode-Power33_1 -OUT2 High side output(HB9A) ←Power33_1 UIN4 -The Power33_1 OUT2 is active **UIN4 is HS input** -Low threshold=3V -High threshold=25V -Filter value=416ms Motion Motor Load -Degraded Mode is disabled -Frequency= 300Hz -Duty Cycle= 40%	-Set the Application software configuration -Connect a Motion Motor to the OUT2 output of Power33_1	**The POWER33_3 software configuration:** -UIN3 is LS logical input -Low threshold=5V -High threshold=15V -Filter value=224ms **The POWER33_1 software configuration:** -The output is used in dynamic Mode -The load type= Bulb load -The current Feedback is enabled -Recurrence Period OUT_I= 200ms -Recurrence	**Step1:** - Connect the POWER33_3 UIN3 input to ground, so the POWER33_1 OUT7 Command= ON (Boolean value) -Verify the OUT7 output status on test bench and on Multitools NG -Verify the Bulb status **Step2:** - Communication failure between the master and the power33_1 -Verify the OUT7 output status on test bench and on Multitools NG **Step3:** -The	**Step1:** - The OUT7 is active -There is no fault detection (Boolean value) -The current (analogue value mA)= depends on load - The Bulb load is active **Step2:** -After the communicati on failure the OUT7 is set to OFF then to ON **Step3:** - The OUT7 is active -There is no fault detection (Boolean

		Period OUT_CMD= 200ms -Recurrence Period OUT_DC= 200ms -The degraded Mode is enabled 1st cycle=OFF 2ed cycle=ON -The diagnostic master mode is enabled -Protection profile= auto calculate enabled -The equipment variable is not used -To assign the POWER33_3 UIN3 to Power33_1 OUT7 output	communication resumption -Verify the OUT7 output status on test bench and on Multitools NG	value) -The current (analogue value mA)= depends on load - The Bulb is active

IV.3.5. L'IMPACT DE L'ENVIRONNEMENT

Cette partie de test traite l'influence des paramètres extérieurs tels que les variations du niveau l'alimentation sur le comportement des entrées/sorties, ces tests seront vérifiés pour le mode de fonctionnement normal (Running phase) et le mode de fonctionnement critique (Degraded mode).

Tableau IV.4 Test illustrant l'influence de la variation de la tension d'alimentation

Degraded Mode	Context	Initial condition	Procedure Passage	Predicted result
From Normal mode to Degraded mode-Voltage variation effects on network with power supply range from 8V to 32V (increase)	-Set the Application software configuration of all Inputs and outputs	All Inputs and outputs operating is nominal	-To increase the power supply voltage from 8V to 32V and to generate a communication failure between the master and the Powers -To check for the system behavior	All Inputs and outputs are in degraded mode.

IV.3.6. GESTION DU RÉSEAU : NETWORK MANAGEMENT

La gestion du réseau vise principalement à identifier si la communication entre les différentes entités du réseau, CAMU et Powers, peut présenter un dysfonctionnement dans le cas où un Power s'échappe du contrôle du maître à cause d'une anomalie dans la liaison CAN, d'où on teste l'influence du fait de déconnecter un ou plusieurs esclaves.

Tableau IV.5 Test illustrant l'influence d'une perturbation dans le réseau des calculateurs

Network management	Context	Initial condition	Procedure Passage	Predicted result
Normal mode -The 2 Power33 and the Power15 are on Network → Disconnection	-Set the Application software configuration -The Power33_1	- The CAMU , the 2 Power33 and the Power 15	**Step1:** -Disconnect Power33_1 (the last slave on Network) from	**Step1:** - The CAMU, the Power15_2 and Power33_3 ECUs are still in

| the Power33_1 from Network

→Connect the Power33_1 to Network | have to be the last connected slave on Network: Power15_2, Power33_3, and the last is Power33_1 | ECUs are in running mode | Network

-Check the CAMU and the 2 Power33 and Power15 ECUs status

-Check the communication and the inputs and outputs status

Step2:

-Connect Power33_1 (the last slave on Network) to Network

-Check the CAMU and the 2 Power33 and Power15 ECUs status

-Check the communication and the inputs and outputs status | running mode except the Power33_1

-There is no communication trouble and all Inputs and outputs operating is still nominal except the Power33_1 ones

-Communication failure on Power33_1 (Boolean value)

Step2:

- The CAMU, the 2 Power 33 and Power15 ECUs are in running mode

-There is no communication trouble and all Inputs and outputs operating is nominal |

IV.4. CONCLUSION

Dans le domaine des systèmes embarqués, les architectures hardware doivent être conçues pour assurer des fonctions critiques soumises à des contraintes très fortes en termes de fiabilité et de performances temps réel. En raison de ces contraintes, les architectures embarquées ACTIMUX sont soumises à un processus de certification qui nécessite un développement très rigoureux. Toutefois, en raison de la complexité croissante de ces systèmes, leur conception reste une tâche difficile qui exige le passage par la phase de validation.

CONCLUSION & PERSPECTIVES

Les contraintes industrielles imposées par plusieurs facteurs tels que : le temps de mise sur le marché, les exigences de la clientèle, la fiabilité de la plateforme software et hardware augmente la criticité de la tâche de validation qui occupe une place importante dans le cycle de vie d'un produit et se présente comme facteur déterminant pour la réussite de projets industriels touchant les systèmes embarqués véhiculant. Ce projet de fin d'études, effectué au sein d'ARIDA illustre, dans le cadre de ce qui a été réalisé, les acquis demandées et les capacités méthodologiques en termes de connaissances pratiques des choses pour déployer et décortiquer des architectures complexes ramifiées afin de livrer des produits prêts à la construction en série ne présentant aucune anomalie, ce qui implique un gain monétaire, ainsi que la réputation dans un domaine où on n'a pas le droit à l'erreur.

Mais cette réussite est fortement conditionnée par l'évolution continuelle et anticipative de deux intervenants : la plate forme logicielle (software) et la plate forme matérielle (hardware), cette dernière peut être plus performante et efficace si l'on pense à l'automatiser dans le but d'accélérer la phase de passage des tests d'où un gain temporel.

BIBLIOGRAPHIE

- http://www.actia.com
- http://www.ardia.com.tn
- http://www.wikipédia.com
- INSTRUCTION D'UTILISATION DE LA BASE MANTIS_ARDIA
- Contribution à la formalisation de contextes et d'exigences pour la validation formelle de logiciels embarqués_ Philippe Dhaussy_ 29 mars 10
- ETUDE ET EVALUATION DE CONFORMITE DES SYSTEMES EMBARQUES POUR L'AUTOMOBILE_Bureau VERITAS_ www.bureauveritas.fr.f
- Eléments pour la validation de systèmes numériques intégrés_ Matthieu MARTEL_ 11 juillet 2006
- PROGRAMME SYSTEMES EMBARQUES ET GRANDES INFRASTRUCTURES ARPEGE Édition 2010
- Centre national de la recherche scientifique Direction des systèmes d'information
- CNRS/DSI/conduite-projet/developpement/technique/guide-tests-validation 18 avril 2001
- THESE pour obtenir le grade de DOCTEUR DE L'INPG (INSTITUT NATIONAL POLYTECHNIQUE DE GRENOBLE) *Spécialité : Microélectronique*
- Eugenia Gabriela NUTA NICOLESCU le 27 novembre 2002

www.ingramcontent.com/pod-product-compliance
Lightning Source LLC
Chambersburg PA
CBHW020315220326
41598CB00017BA/1559